孩子，
请别再
焦虑

梅芬芬 ◎ 著

花山文艺出版社

河北·石家庄

图书在版编目（CIP）数据

孩子，请别再焦虑 / 梅芬芬著 . -- 石家庄 : 花山
文艺出版社，2025. 3. -- ISBN 978-7-5511-7604-0

Ⅰ. B842.6-49

中国国家版本馆 CIP 数据核字第 20247F6L66 号

书　　名：孩子，请别再焦虑
HAIZI，QING BIE ZAI JIAOLÜ

著　　者：梅芬芬

责任编辑：刘燕军
封面设计：闫冠美
版式设计：杨改利
美术编辑：王爱芹
出版发行：花山文艺出版社（邮政编码：050061）
　　　　　（河北省石家庄市友谊北大街 330 号）

销售热线：0311-88643299/96/17
印　　刷：三河市双升印务有限公司
经　　销：新华书店
开　　本：710 毫米 ×1000 毫米　1/16
印　　张：8
字　　数：110 千字
版　　次：2025 年 3 月第 1 版
　　　　　2025 年 3 月第 1 次印刷
书　　号：ISBN 978-7-5511-7604-0
定　　价：59.80 元

你的孩子，是否焦虑了？

生活中，常常会有一些孩子表现出情绪不稳定、烦躁、吵闹、胆怯，害怕去上学或无法适应陌生的环境等情形。有些孩子到了入学年龄，表现出对学校的厌倦，具体表现为：每天上学前非常难受、萎靡不振甚至装病不肯去学校。他们的父母只能看在眼里、急在心里，却束手无策。专家表示，其实，孩子有这些表现，可能是患了儿童焦虑症。

什么是儿童焦虑症呢？它是儿童一种比较常见的情绪障碍，具体表现是儿童在无明显原因的情况下表现出紧张、莫名恐惧等不安情绪。有的孩子语言表达能力差，有的孩子从小娇生惯养，比较任性，这类孩子在很多情况下会发脾气。比如，有不愿意去陌生的地方、哭闹、紧张等一系列表现，家长很少将其与"疾患"联系起来，因而常将孩子的这种行为视为"无理取闹"。

那么，家长该如何区分孩子的某些行为是属于偶尔的情绪不好，还是真有焦虑的倾向呢？我们可以从这些方面进行判断：孩子在情绪、行为方面有与其他孩子明显不一样的地方，与他自己以前的情绪、行为有较大的出入；孩子的情绪、行为有与他的年龄特点很不相称的地方；孩子的情绪、行为给孩子自身、家长及其他监护人等带来持续的、重复性的痛苦和麻烦。如果孩子有上述现象，家长就要向精神科医生和心理医生寻求帮助了。

是什么让孩子如此焦虑呢？这主要与孩子的心理、自身性格、遗传、环境因素和不恰当的教育方式有关。

一、家长的要求过高。这是导致孩子焦虑的主要因素。一些家长对孩子的要求高，喜欢将自己的孩子与别的孩子作比较，认为别的孩子会的自己的孩子要会，别的孩子不会的自己的孩子也要会，且样样都得精通。由于有了这样的高要求，家长总是对孩子的表现不满意、不认可，而这些过高的要求常常超出孩子的实际能力。久而久之，孩子会因为自己不能实现家长预期的目标而自信心受损，内心焦躁不安。一些脾气暴躁的家长往往采取恐吓或其他粗暴的沟通手段，以致孩子在做事情时显得更加紧张。

二、过度保护和溺爱。在孩子的成长过程中，家长大包大揽，什么事情都不让孩子去做，孩子失去了锻炼的机会，各种能力得不到培养，并产生一种错觉，即"我是最重要的"，从而不能正确地评估自己。若他们独自置身于新环境、新情景中，或与陌生人接触，就会产生不知如何应对的困扰，以致情绪波动、过度担忧。

三、家族中有焦虑症患者。比如，爸爸、妈妈任一方患有焦虑症，容易对某些危险估计过高，时时给子女一些不必要的劝告、威胁、禁令等，孩子就很容易被"传染"。

面对患有焦虑症的孩子，家长需要反思自己：在养育、教育孩子的过程中，是否给了他过多的压力和刺激？找到产生问题的原因后，家长再采取相应的心理治疗措施，必要时进行药物治疗，会收到良好的效果。那么，该如何化解孩子的焦虑呢？

一、家长首先甩掉忧虑，管理好自己的情绪。 家长的敏感、多虑、缺乏自信等一些焦虑的表现，常常会在孩子身上反映出来，所以，家长对孩子该放手时就放手。面对孩子的焦虑，家长首先要管理好自己的情绪，将内心的焦虑彻底克制住，在孩子的面前不要显露出来。因为，此时家长哪怕脸上流露出一点点的焦虑，对孩子来说都无异于一块巨石。同时，当孩子被焦虑困扰时，他们最需要的是精神支持，不希望看到家长对自己的焦虑持"无所谓"的态度，希望爸爸妈妈积极地和自己一起寻找应对策略，从而逐渐淡化焦虑感。

二、不要把孩子管得太严，给他的压力要适当。 几乎每个家长都希望自己的孩子能成龙成凤，但并不是每一个孩子都能够那么优秀。我们要尊重每一个孩子的特点，发挥他们的特长。如果孩子不爱学习，家长可以借助身边的一些事物，启发孩子去思考，培养其学习的兴趣、发现和解决问题的能力。这样，孩子对学习的焦虑情绪就会慢慢缓解。为孩子制定学习标准，应遵循"兴趣第一、量力而行"的原则，年龄、智力水平是不可忽略的依据，可以高出其实际能力一点点，让孩子稍稍努力就能达到目标，并从中获得成就感，从而发挥自身的潜力。不苛求，更不能让孩子头脑中牢牢绷紧"我要第一、我要最好"这根弦。如果家长为了"争第一"而过分地逼孩子，会让孩子着急的同时大人也跟着急，孩子的焦虑症状就会恶化。

三、营造和睦的家庭环境。患有焦虑症的孩子内心比较敏感，一点点风吹草动都会引起他的情绪波动，因而他们特别需要一个温馨和睦、能给他们安全感的家。家长的体贴、呵护、安慰和精神上的引领，能有效地降低孩子的焦虑程度。所以，成年人之间不论有多大的分歧，也不要在孩子面前表露出来，更不能吵闹，避免这些矛盾冲突刺激孩子。

四、多多鼓励孩子。当孩子做错了事或情绪不稳时，告诉他"没关系""大胆些""不要怕""再试一次""爸爸妈妈相信你"等。一段时间以后，孩子就有可能走出焦虑，建立自信，学会应对困难，并形成开朗乐观的性格。

五、耐心地倾听孩子的心里话。与孩子建立良好的关系，使孩子在家长面前不设防，自觉自愿地吐露内心的忧虑。在听孩子述说时，爸爸妈妈对他所说的内容及时做出相应的反应，对其痛苦适当地表示同情，这有助于孩子释放心里的压力，消除顾虑和紧张情绪，减少不安全感。

六、多给孩子尝试和锻炼的机会。比如，小朋友总是害怕在众人面前讲话，家长就可以每天留出 10 分钟让孩子讲一个故事，锻炼他的语言表达能力。也可请一些小朋友到家里来，为孩子创造在众人面前说话的机会。

拒绝焦虑，抛掉焦虑！希望每一个家长和每一个孩子每天都能眼里有光，脸上有笑，心中有爱！让我们一起加油吧！

目录

我是不是
"网络中毒"了

合理利用网络资源，适度休闲和娱乐，可以让生活更加精彩。

我的"小焦虑"

姓名：布丁

年龄：11岁

性别：女

爱好：绘画、写毛笔字

上五年级后，为了方便我查学习资料，爸爸给我买了一台平板电脑。于是，我一下子就迷上了它。每天放学、周末和假期，平板电脑都跟着我，像我的小伙伴一样。在学校，老师不让带，但我总是想着它。

一回到家，我就喜欢关起门来，用平板电脑看各种东西。其实，有时候我是要查学习资料的，但看着看着，我就被那些有趣的内容吸引了。不知不觉，我就浪费了好多时间。每次这样，我都觉得心里好内疚。可是，我就是忍不住，好像控制不了自己一样。

　　亲爱的布丁，你能意识到自己对平板电脑过于沉迷，这真的很棒！过度玩平板电脑，就会上瘾而停不下来。特别是玩游戏，明明已经不玩了，但游戏的音乐和画面好像还在脑袋里转。心理学家把这种游戏结束后还感觉它在继续的现象，叫作"游戏转移现象"。那该怎么办呢？别责怪自己哟！我们要像好队友一样帮助自己，而不是像个只会说"不可以"的小裁判。采取一些办法转移注意力，这样，我们就不会被电子产品这个"小妖怪"迷住啦！

防沉迷，不是把平板电脑放在眼前硬逼着自己不玩，而是要学会远离诱惑。我们可以设定一个固定的时间玩平板电脑，比如，每天作业做完后，可以玩 30 分钟，这时可以看看同学的留言，或者检查一下老师有没有布置新作业。

到了周末，我们可以稍微放松一下，给自己 1 个小时的时间上网，看看自己感兴趣的内容。但是，除了这些时间，我们应该把平板电脑锁起来，或者交给爸爸妈妈帮忙保管。这样，平板电脑就不会总是在我们眼前晃悠，诱惑我们去玩了。

一直盯着平板电脑，心里又告诉自己不要玩，这样其实会消耗我们的意志力。偶尔没忍住玩了，我们又会责怪自己，这样更不好。我们的意志力应该用在更重要的地方。所以，让平板电脑离我们远一点儿，这样我们就能更好地控制自己，去做更有意义的事情啦！

拒绝焦虑，我有话说

人的意志力其实是一种很宝贵的资源，每次做艰难的选择都会消耗它。因此，一个有条理的生活规划，特别是网络生活规则，就能帮助我们慢慢找回内心的平衡，不再那么疲惫和不知所措。

拒绝焦虑，我有好办法

1

我们可以设定一个合理的玩电子产品的时间表。比如，上学期间，只要晚上8点前完成作业，就可以玩30分钟。到了周末，每天可以玩1个小时。这样，我们就能既享受上网和游戏的乐趣，又不会沉迷其中。

2

不玩电子产品的时候，我们要把它们锁起来或者请家人帮忙保管，这样它们就不会总是诱惑我们了。

3

在不玩电子产品的时候，我们可以找些其他有趣的事情来做，比如读读书、做做运动等。这样，我们的注意力就会从电子产品上转移到更有意义的事情上，生活也会变得更加丰富多彩。

考试前的紧张不安

考前适度紧张可以让备考更加高效，但是过度紧张则会让我们发挥失常。

我的"小焦虑"

姓名：小杰
年龄：10岁
性别：男
爱好：踢足球、看科幻小说

　　自从进入小学高年级，考试就像一座沉重的大山，沉甸甸地压在我的胸口。尤其是即将到来的期末考试，带给我的紧张感比任何时候都更为强烈。

　　每当夜深人静，我躺在床上，脑海中不由自主地浮现出考试的场景，心脏就跳得飞快，手心也不由自主地冒汗。我平日学习非常认真刻苦，但每当关键的考试来临，那份难以言表的紧张感便如潮水般涌来，让我变得很不自信。我很想克服这种紧张感，但是越是努力想要摆脱它，那份紧张感越是如影随形，难以驱散。

心理专家对我说

亲爱的小杰，面对考试前的紧张情绪，你并不孤单，许多同学在重要考试前都会有类似的感受。这种紧张其实是身体和心理对压力的一种自然反应，它提醒我们要更加专注地准备考试，更要学会放松。你要学会与这种紧张情绪和平共处，试着深呼吸，放松身体，告诉自己："我已经做好了准备，我能够应对这次考试。"同时，你要制订一个合理的复习计划，将大任务分解成小目标，一步步完成。这样不仅可以提高学习效率，还能增强你的自信心和掌控能力。

心理分析室

　　紧张不安是考试前常见的情绪现象，它其实是我们身体和心理对于即将到来的重要事件的一种自然反应。当我们感到紧张时，大脑会释放一些化学物质，这些物质会让我们更加警觉和专注，以应对即将到来的挑战。

　　然而，过度的紧张可能会让我们感到焦虑不安，甚至造成身体上的影响。这是因为过度的紧张会让我们过度关注结果，而忽视了过程中的细节，从而导致我们表现失常。

　　我们要知道，考试只是我们人生中的一个小插曲，无论结果如何，都不会决定我们的全部。只要我们努力过、付出过，就没有什么可遗憾的。而且，人生中机会很多，只要有付出，就会有相应的回报。

拒绝焦虑，我有话说

通过合理的考前规划和积极的心态调整，我们可以将紧张转化为动力，更加自信地迎接考试，要相信你比想象的要强大得多！

拒绝焦虑，我有好办法

① 建立合理的期望值：不要给自己设定过高的目标，避免因为期望过高而增加压力。

② 积极准备，充分复习：提前制订复习计划，按部就班地进行复习。同时，注重掌握重要的知识点，并注意查漏补缺。

③ 学会放松和调节：在复习之余，要学会自我放松。可以通过运动、听音乐、课外阅读等方式来缓解紧张情绪。同时，要保持良好的作息习惯，保证充足的睡眠时间。这样可以帮助我们以清醒的头脑和充沛的精力去面对考试。

复习计划

害怕当众发言

　　当众发言是考验，也是一种机会，在大众面前尽情地展示自我，你会有不一样的体验。

我的"小焦虑"

姓名：橙橙
年龄：8岁
性别：女
爱好：绘画、唱歌

最近，班级的演讲日让我陷入了前所未有的烦恼之中。每当想到要在全班同学面前发言，我就像心中压了一块大石头一样，透不过气来。

我喜欢画画和唱歌，这些都是我自由表达的方式。但一说到当众讲话，我就紧张得要命。我担心自己会忘词，担心同学们会笑我，甚至担心自己的声音会发抖。我知道这是成长的必经之路，但我还是害怕。我希望自己能够勇敢地站在台上，但此刻的我，真的需要一点儿勇气和帮助。

心理专家对我说

　　亲爱的橙橙，害怕当众发言是很正常的情绪反应，尤其是你这个年纪的孩子。不要太苛责自己，试着把这次演讲当作一次展示自己的机会，而不是一场考验，每个人在成长过程中都会有这样的展示机会。你可以尝试一些方法来缓解紧张感，比如深呼吸，想象自己成功完成演讲的场景，或者找一位信任的朋友或家人练习。相信自己，你已经准备好了，你的声音值得被听见。

心理分析室

对当众发言的恐惧，往往源于对未知结果的担忧和对自我形象的过度关注。这种紧张情绪在心理学上被称为"社交焦虑"。正是这种焦虑，促使我们更加努力地准备，从而能在众人面前展现出最好的自己。

要克服这种恐惧，首先要认识到它是普遍存在的，我们并不孤单。其次，要学会接受自己的不完美，明白每个人都有失误的时候。更重要的是，要学会将注意力从结果转移到过程上，享受每一次尝试和学习的机会。

此外，积极的心理暗示和充分的准备是必不可少的。我们要告诉自己："我已经做了足够的准备，我可以做到。"同时，通过反复练习和模拟真实场景，提高自己的自信心和应对能力。每一次的尝试都是成长的一部分，即使可能面对失败。我们只有勇敢地面对挑战，才能变得更加坚强和自信。

当众发言

拒绝焦虑，我有话说

　　勇敢不是不害怕，而是即便害怕也选择勇毅前行。相信自己，你能够克服当众发言的恐惧，绽放属于自己的光彩。

拒绝焦虑，我有好办法

①

　　充分准备与积极心态：提前深入熟悉演讲内容，多次练习直到可以流利表达。同时，进行积极的自我暗示，坚信自己有能力在众人面前流利地发言。

②

　　放松与增强自信：运用深呼吸、肌肉放松等技巧缓解紧张情绪，并在脑海中积极模拟成功演讲的场景，以此增强自信心。

③

　　寻求支持与反馈：寻找信任的朋友或家人作为听众，进行模拟演讲，并以开放的心态接受他们的反馈与意见，以进一步提升演讲水平。

对黑暗的莫名恐惧

黑暗往往代表未知和恐惧。克服对黑暗的恐惧，不是一蹴而就的事情，要循序渐进。

天怎么这么快就黑了，我有点儿害怕。

外面那么黑，黑暗里面会有什么呢？

轩轩，你是勇敢的小朋友，去开灯吧！

我，我试试。

为什么我会这么害怕黑暗呢？是不是每个小朋友都会这样？

轩轩，黑暗并不可怕，它只是缺少了光。我们可以一起寻找勇气，去勇敢面对它。

20

 我的"小焦虑"

姓名：轩轩
年龄：6岁
性别：男
爱好：绘画、听故事

　　自从我懂事了，黑暗就像是一个神秘的怪物，总是让我心生恐惧。每当夜幕降临，我就像变了一个人，变得胆小、敏感。我害怕独自待在房间里，更害怕那些黑漆漆的地方，担心会有可怕的东西突然出现。即使知道这只是自己的想象，但那种恐惧感还是让我无法安心入睡。

　　我试过用被子蒙住头，也试过让爸爸妈妈陪我入睡，但总觉得黑暗就在不远处窥视着我。我希望有一天，我能勇敢地面对这份恐惧，让它不再影响我的生活。

心理专家对我说

亲爱的轩轩，你对黑暗的恐惧是许多小朋友在成长过程中都会经历的困扰。这种恐惧往往源于对未知的不确定性和对安全的渴望。

要知道，恐惧是一种自然的情绪反应，它并非一无是处，反而能够提醒我们要更加警惕和谨慎。但过度的恐惧会限制我们的成长和探索。我们可以尝试通过逐渐接触黑暗来了解它，从而减少对它的恐惧感。比如，在家长的陪伴下，一步步探索夜晚的环境，发现黑暗中的美好和宁静。同时，我们要学会用积极的心态去面对恐惧，告诉自己："我是勇敢的，我可以克服它。"

心理分析室

对黑暗的恐惧，实际上是我们心理发展过程中的一种常见现象。它反映了我们对安全感的强烈需求和对未知世界的探索欲望之间的矛盾。在心理学上，这种恐惧被称为"恐黑症"。

黑暗制造了一种视觉上的缺失感，让我们的视线无法清晰地捕捉周围的事物，这种不确定性容易引发内心的焦虑。在黑暗中，我们无法准确判断周围的环境是否安全，这种对未知的担忧自然会转化为一种恐惧情绪。

对于年幼的我们来说，认知能力和应对能力还处在发展中，因此我们更容易受到外界环境的影响。在黑暗的环境中，我们可能感到更加无助，这种无助感也会加剧对黑暗的恐惧。

拒绝焦虑，我有话说

勇敢地面对未知，黑暗中可能隐藏着惊喜，只有前行才能揭晓。

拒绝焦虑，我有好办法

1 正面引导：用积极的语言和故事来描绘黑暗，了解黑暗的美好和宁静。

2 亲子陪伴：家长在孩子探索黑暗时给予陪伴和鼓励，增强孩子的安全感和自信心。同时，家长和孩子可以共同进行一些小挑战游戏，如夜间散步或观察星空等，帮助孩子逐步克服恐惧。

3 建立安全感：确保房间的环境舒适、安全，减少不必要的刺激。例如，使用光线柔和的夜灯、布置温馨的床铺等。这样可以让孩子在独自面对黑暗时感到安心和放松。

总觉得自己不够好

　　世界上没有完美的人，不要苛求自己，接受自己的不完美，成长的道路会更加宽阔。

我的"小焦虑"

姓名：小琪

年龄：11岁

性别：女

爱好：绘画、跳舞

　　自从升入五年级，我就被一股无形的力量紧紧攥住，心里总是沉甸甸的。学习上的小瑕疵、运动场上的不尽如人意，甚至日常生活中的琐碎小事，都能让我挑出一箩筐对自己的不满意。朋友们总夸我优秀，可我心里那杆秤，总是偏向更苛刻的一边，自责像潮水般涌来，总觉得自己离完美还差十万八千里。

　　这种情绪，就像一张密密匝匝的网，把我紧紧地束缚，快乐和满足似乎遥不可及。我真的好想挣脱这种束缚，学会给自己松绑，学会欣赏自己曾经的努力，学会为自己的每一点儿进步喝彩。

　　亲爱的小琪，你对自己的高标准和严要求，展现了你的上进心和追求完美的一面。然而，过度的严格要求和自我否定，却可能阻碍你享受成长的乐趣和成功的喜悦。请记住，没有人是完美的，每个人都有自己的优点和不足，重要的是要学会欣赏自己的努力和成就，接受并努力改进自己的不足。试着放下心中"我不够好"的包袱，用更加积极和开放的心态去面对自己的成长。这样你就会发现，当你不再苛求自己时，生活会变得更加美好和充实。

心理分析室

　　"总觉得自己不够好"是一种普遍的心理现象，尤其在少年儿童中更为常见。这种心态往往源于对自我价值的过度审视和对他人评价的过度关注。在心理学上，这被称为"完美主义倾向"或"自我苛责"。虽然适度的自我要求和追求进步是推动个人成长的动力，但过度的自我批评和自我否定则可能导致焦虑、抑郁等负面情绪的产生。

　　为了克服这种心态，我们需要认识到自己的独特性和独有的价值，接受自己的不完美，学会从多个角度审视自己的成就和不足。同时，我们应建立积极的自我对话模式，用自我鼓励和自我支持代替自我否定。此外，培养兴趣爱好、参与社交活动、寻求专业心理咨询等也是解决这一问题的有效途径。

　　通过这些方式，我们可以逐渐摆脱"自己不够好"的想法的束缚，拥抱更加自信和快乐的自己。

拒绝焦虑，我有话说

接纳自己的不完美，是成长的第一步。学会欣赏自己的努力和成就，以积极的心态继续在成长之路上前行。

拒绝焦虑，我有好办法

1

建立积极的自我认知：每天列出自己的三个优点或成就，它们无论大小，都值得被肯定。这有助于增强自信心，减少自我否定的声音。

2

设定合理的目标：为自己设定具体、可达成的小目标，每完成一个就给予自己奖励。这样可以逐步建立自信并获得成就感，减少不切实际的追求。

3

培养成长型思维：将不完美视为成长的机会，而不是失败的预兆。关注学习和进步的过程，而不是仅仅关注结果。这种思维方式有助于你更加积极地面对成长。

担心被朋友抛弃

所谓"友谊的小船说翻就翻"，更多的是我们面对不确定性时的一种焦虑。

我的"小焦虑"

姓名： 涵涵
年龄： 9岁
性别： 女
爱好： 绘画、编故事

　　自从上了小学，我越来越珍惜与朋友们在一起的时光。但是最近，我总觉得自己不受欢迎。每当看到他们开心地玩耍，而我没有被邀请，我的心就像被针扎了一样疼。我试着融入他们之中，但总是感觉与他们格格不入。

　　晚上躺在床上，我会反复地想，是不是我哪里做得不够好，让他们不再喜欢我了？这种担心被朋友抛弃的感觉，让我每天都过得提心吊胆，甚至开始怀疑自己。我真的好希望我们能回到以前那样无话不谈、亲密无间的日子。

　　亲爱的涵涵，感觉到被朋友忽视或担心被抛弃，是许多孩子在成长过程中都会遇到的情感挑战。这种担忧往往源于对友情的珍视和对自我价值的不确定。真正的友情是建立在相互理解和尊重的基础上的。其实，现在的你正在经历成长中的迷茫阶段，如果学会更好地表达自己的意见、倾听他人的心声，以及处理好人际关系中的小摩擦并主动与朋友们沟通你的感受，可能你的问题就会迎刃而解。同时，要学会接纳和爱自己，更多地关注自身的感受。

心理分析室

担心被朋友抛弃的情感往往源于对自我价值的不确定感和对友情的过度依赖。在成长的道路上，我们都在寻找归属感和认同感，而朋友则是我们成长中的重要伙伴。

然而，友情并非一成不变，它随着时间和环境的变化而变化。当我们感到被朋友疏远时，我们需要反思自己是否过于敏感或误解了对方的意思。我们也要学会倾听和理解对方的感受，通过积极的沟通来消除误会和隔阂。此外，培养自己的独立性格也是缓解这种担忧的有效方法，当拥有更多的自信和内在力量时，我们就不会过分地依赖他人的认可来维持自我价值。因为真正的友情是建立在相互尊重、相互信任和相互支持的基础上的。

拒绝焦虑，我有话说

友情如同花园中的花朵，需要阳光雨露的滋养，更需要我们的细心呵护。相信自己，勇敢表达，你会发现，友情比你想象的更加牢固和美好。

拒绝焦虑，我有好办法

1 主动沟通：勇敢地向朋友表达你的感受，特别是担忧。很多时候，误会源于缺乏沟通。

2 培养自信：多参与自己擅长的活动，展现自己的优点和特长，增强自信心。

3 拓宽社交圈：尝试结交新朋友，加入不同的兴趣小组或社团，丰富自己的社交生活。同时，要学会珍惜和维护现有的友情，通过与朋友积极互动和互相关心来加深彼此的了解和信任。记住，真正的友情是经得起时间考验的，不要因为一时的困扰而轻易放弃。

选择困难时引发的焦虑

当你面临选择困难，不妨给自己一些空间：既然各个选项都有各自的优点，又何必占尽全部优点呢？

选哪一个呢？

我的"小焦虑"

姓名：小宇

年龄：10岁

性别：男

爱好：阅读、拼图

　　最近，我发现自己陷入了一个怪圈——选择困难。无论是生活中的小事还是学习上的决定，每一次选择都让我感到无比焦虑。买衣服、点餐、报兴趣班，甚至是玩哪个游戏，都让我犹豫不决，生怕做出错误的决定。我害怕选错，害怕后悔，更害怕因为自己的选择而错失了什么。

　　这种焦虑感紧紧地跟随着我，让我难以集中精力去享受当下的美好，甚至让我怀疑自己的判断力。我渴望摆脱这种困境，找回那个曾经果敢、自信的自己，却又不知从何做起。

　　亲爱的小宇，在成长的过程中，选择困难引发焦虑，这是许多人都会遇到的困扰。这种焦虑往往源于对完美的过分追求和对失败的恐惧。要明白，没有绝对正确的选择，只有适合自己的选择。每一个选项都有自己的优缺点，我们很难占尽全部优点，这时就要给自己一些做出决断的空间，选择合适的选项，哪怕它不是完美的。同时，我们也可以尝试列出选择的利弊，帮助自己更清晰地看到每个选项的优缺点，从而做出更加明智的决定。

在复杂多变的世界中，我们时常需要面对各种选择，而这些选择往往伴随着风险和不确定性。正是这种不确定性，构成了我们生活的一部分。

我们要学会拥抱不确定性，理解每一次选择都是一次学习和成长的机会。同时，我们也要认识到，如果所选非最优选项，即使出现失败，也是成长路上必须经历的过程。通过选择，我们可以学会分析判断，并用更加缜密的思维方式去思考问题。

因此，在面对选择时，我们应该保持开放的心态，勇于尝试，即使结果不尽如人意，也不要畏首畏尾，而要勇毅前行。

拒绝焦虑，我有话说

无论选择什么，都要保持放松的心态，相信自己，并勇于接受选择的后果。

拒绝焦虑，我有好办法

① 明确目标：在做出选择前，先明确自己的目标，这样可以帮助你更快地筛选出符合自己需求的选项。

② 设定时间限制或抛硬币：对于非紧急但重要的选择，可以设定一个时间限制，避免无限期地纠结下去，在时间结束前做出决定，并接受这个决定带来的后果。实在不行，还可以试试抛硬币哟！

③ 寻求建议：当自己难以做出决定时，不妨向家人、朋友或老师寻求建议。他们的经验和意见可能会给你带来新的启发和视角。

就由你来决定吧！

面对新环境时的不安

新环境总会带来一些不确定性，因此产生不安也是难免的。同时，新环境会带来新的体验，积极拥抱这种新体验，可以帮助我们缓解面对不确定性时的焦躁不安。

我的"小焦虑"

姓名：小怡
年龄：7岁
性别：女
爱好：绘画、阅读童话

　　自从我和爸爸妈妈搬到这个新城市，进入新学校，我的生活就像被重新上色了一样，虽然五彩斑斓，但又让我添了几分不安。新家的每一个角落都让我感到陌生，就连晚上睡觉时，我也常常会想念旧家的温暖。还有我之前的同学和朋友们，不知道还能不能再见到他们？新学校更是让我既期待又害怕，我担心自己无法适应新的环境，害怕交不到新朋友，更害怕老师和同学们不喜欢我。在新学校里，每当课间休息，看着同学们成群结队地玩耍，我却总是站在一旁。我心里很羡慕他们，想主动接近，又害怕被拒绝。

　　爸爸妈妈看出了我的不安，想使我开心，便周末带我出去玩，还做了小零食让我带去学校分享给同学们……我在努力尝试融入新环境，不知道能不能行……

　　亲爱的小怡，面对新环境，感觉到不安其实是难免的，这需要我们用勇气和智慧去克服。你感到孤独和害怕，是因为你还不熟悉这里的一切，但请记住，随着时间的推移，你会逐渐发现新环境中的美好与温暖。你可以试着主动与新同学交流，参与班级活动，展示自己的兴趣和才华；同时，保持积极乐观的心态，相信自己有能力融入这个新集体。

面对新环境时的不安，其实是人类在面对变化时的一种自我保护机制。它让我们对未知保持警惕，同时促使我们努力适应新环境。然而，过度的不安可能阻碍我们的成长。

在心理学上，这种现象被称为"适应障碍"。为了克服这一障碍，我们需要做的是调整心态，积极面对变化。

我们要认识到：变化是生活的常态，要学会接受并拥抱它。可以制订一个适应新环境的计划，比如，参加学校的兴趣小组、主动与同学交流等。这些行动不仅能帮助我们更快地融入新环境，还能增强我们的自信心和社交能力。

拒绝焦虑，我有话说

为了适应环境变化，森林古猿进化成人，这个过程花了几百万年。可见，适应新环境是一个循序渐进的过程，保持耐心和乐观的心态至关重要。

拒绝焦虑，我有好办法

①

主动交流：勇敢地向新同学介绍自己，参加班级活动，通过交流增进了解和友谊。

②

寻找兴趣点：加入学校的兴趣小组或社团，找到志同道合的朋友，共同分享快乐与成长。

③

设定小目标：为自己设定适应新环境的小目标，比如，每天结交一个新朋友、参与一次课堂讨论等，享受实现目标的成就感。

过于在意他人的看法

虽然别人对我们的看法非常重要，但是，我们首先属于自己。因此，要努力做好自己，不要过于在意别人对自己的看法。

我的"小焦虑"

姓名： 小雪

年龄： 12岁

性别： 女

爱好： 绘画、弹钢琴

　　不知道从什么时候开始，我变得特别在意别人对我的看法。上次我穿了一件新衣服去学校，一整天都在担心同学们会不会觉得不好看。上课的时候也心不在焉，总想着这件事；和同学交流时，我都不敢直视他们的眼睛，害怕从他们的眼神里看到否定。

　　回到家中，我立刻把新衣服换下来，尽管当初买这件衣服的时候，我觉得它特别好看，妈妈也说我穿着好看，但是我很在意别人的窃窃私语。这种过分在意他人看法的感觉真的太糟糕了！

亲爱的小雪，过分在意他人的看法是许多孩子在成长过程中都会经历的。这可能源于我们内心渴望被认同、被喜爱，害怕被排斥或被批评的想法。

我们要明白，每个人的审美和观点都不同，不可能让所有人都对你满意。而且同学们可能更多关注的是自己的事情，并非总是在评价你。过于在意他人的看法会束缚你的手脚，让你无法充分发挥自己的潜力。

你要相信自己的判断和选择，给自己积极的心理暗示，比如，"我有自己的独特魅力""我的努力和进步是为了自己，不是为了迎合别人"。多和那些能给你正面反馈和鼓励的朋友在一起，他们的支持会让你更有信心。

过分在意他人对自己的看法，缘于人类对社交和归属感的需求。当过于关注别人的评价时，我们往往会陷入一种自我怀疑的状态。这不仅会影响我们的自信心，还可能限制我们在生活中的选择和发展。

要知道，每个人的评价标准都不尽相同，满足所有人的期待几乎是不可能的。更重要的是，我们应该学会识别哪些评价是建设性的，哪些是毫无根据的。建设性的反馈可以帮助我们成长，而无根据的负面评价则不需要理会。当我们开始重视自己的内在价值而非仅仅依赖外界的认可时，我们会变得更加自信和独立。通过培养自我意识，我们可以更好地理解自己的需求和愿望，而不是盲目地追求他人的认可。

拒绝焦虑，我有话说

尝试寻找自信和快乐，多关注自己的优点和成就，学会以平和的心态看待他人的评价，勇敢地做真实的自己！

拒绝焦虑，我有好办法

① 专注自身优点：每天花点儿时间思考并记录自己的优点和成就，当过于在意他人看法时，多想想以下这些来增强自信：画画很棒，文章写得很好，曾经帮助过别人……

② 设定心理边界：明确哪些是他人合理的建议，哪些是无意义的评价。对于无意义的评价学会忽略，不让其影响自己的情绪。

③ 转变思维方式：将他人的看法视为建议而非绝对的评判。告诉自己，即使别人对自己有不同意见，也不代表自己没有价值。

对未知事物的焦虑

未知，就像一团迷雾，让我们在其中徘徊，心生焦虑。何不主动地探索未知世界，从中获取新知和乐趣？

我的"小焦虑"

姓名：豆包
年龄：9岁
性别：男
爱好：玩魔方、打篮球

最近，我总是被一种不好的情绪困扰着，那就是对未知事物的焦虑。每当面临新的情况，比如要去一个没去过的地方，见一些不认识的人，或者尝试从未做过的事情，我的心里就特别紧张、焦虑。

比如上次参加篮球比赛，我不知道比赛场地环境和对手的水平，心里特别没底。比赛前的那几天，我吃饭也不香，脑子里一直在想各种各样可能出现的情况。还有一次，爸爸妈妈说要带我去露营，我从来没有露营过，不知道那里有没有虫子，晚上能不能睡好。结果我一直很紧张，心情也很糟糕。

我真的很想摆脱这种焦虑，能勇敢、自信地面对未知事物，可是我不知道该怎么做。

　　亲爱的豆包，面对未知事物感到焦虑是很正常的。这种焦虑其实是因为我们对新的事物不了解而产生的担忧。

　　当你感到焦虑的时候，试着先去多了解一下即将面对的未知情况，比如要去新学校，可以提前问问爸爸妈妈学校的情况，或者在网上看看相关的介绍。你也要相信自己的适应能力，你每次面对新的挑战，其实都在成长和进步。只要勇敢地迈出第一步，后面就会越来越顺利。

心理分析室

我们在面对未知事物时常常出现焦虑，焦虑是我们身心对不确定性的一种自然反应。当我们面对未知事物时，大脑会想象各种可能的结果，这会促使生理和心理发生不良反应，比如心跳加快、呼吸急促、思绪纷乱等。适度的焦虑能让我们更加谨慎和专注，有助于我们做好应对未知事物的准备。但过度的焦虑则可能让我们陷入不安甚至恐惧，影响我们的判断和行动。比如，在进入新的社交场合时，如果过度焦虑，可能会导致我们不敢与人交流，错过结交新朋友的机会。

我们要学会调整对未知事物的看法，把应对未知事物看作是成长的机会，而不是可怕的威胁。通过积累经验，我们能逐渐提升应对未知事物的能力，减少焦虑的产生。

拒绝焦虑，我有话说

只要积极地调整心态，我们就能够减轻面对未知事物时的焦虑，更加勇敢地探索世界。相信自己，你有足够的能力去应对未知世界！

拒绝焦虑，我有好办法

1 提前了解：在面对未知情况之前，通过各种途径获取相关信息，增加对其的熟悉度。

2 做好准备：针对可能出现的情况，提前做好充分准备，包括物质和心理上的准备。

3 寻求支持：和家人、朋友诉说自己的担忧，从他们那里获得鼓励和建议。

落后于他人的忧虑

　　人外有人，天外有天，总有比我们强的人存在。而且，我们也不可能每时每刻都处在领先位置。不必永远争第一，但要永远追求进步。

我的"小焦虑"

姓名：欣欣
年龄：11岁
性别：女
爱好：朗诵、跳舞

　　在成长的过程中，落后于他人的忧虑像一块沉重的石头压在我的心头。每次看到同学们在课堂上积极回答问题，受到老师的表扬，而我总是慢半拍，心里就特别不是滋味。

　　在学习上，不管我怎么努力，成绩总是不尽如人意。数学题别人很快就能解出来，我却要想好久；写作文时，别人写得生动有趣，我写的作文却寡淡如水。我真的很羡慕那些优秀的同学，感觉自己仿佛置身于黑暗的角落，怎么也找不到通往光明的道路。

　　在兴趣爱好方面，我喜欢跳舞，可是和一起跳舞的小伙伴相比，我也没有出彩的地方。我知道不能急于求成，但这种总是落后的感觉真的让我很失落，我都不知道我能做什么了……

　　亲爱的欣欣，当你发现自己落后于他人时，不要太过焦虑。每个人的成长途径都是不同的，你有自己独特的闪光点。也许现在的你在某些方面暂时落后，但这并不代表你永远追不上别人，更不代表你没有独特的优势。

　　其实，落后的感觉也是一种动力，它能促使你更加努力地去提升自己。不要只看到别人的优点而忽视了自己的进步，每一次小小的进步都是值得庆祝的，积少成多，你会慢慢发现自己在不断地变好。

心理分析室

对落后于他人的忧虑源于我们对自身价值和能力的认知，以及与周围环境的比较。在成长过程中，我们很容易将自己与他人对比，当发现自己在某些方面不如别人时，就会产生忧虑。

然而，这种比较往往是不公平和不准确的。每个人都有自己的优势和劣势，成长背景和发展机遇也各不相同，我们不能仅仅以一时的表现来评判自己的价值。

当自己落后时，我们需要调整心态，将注意力从与他人的比较转移到自身的成长上——专注于自己的进步，制定合理的目标，并逐步去实现。同时，我们要学会欣赏自己已经取得的成绩，哪怕是微小的进步，也要给自己鼓励和肯定。

今天又进步了一点儿。

拒绝焦虑，我有话说

试着多和优秀的同学交流，学习他们的方法和经验，但不要盲目模仿，要找到适合自己的方法。相信自己，只要坚持不懈，你一定能够缩小与他人的差距，甚至赶超他们。

拒绝焦虑，我有好办法

1 专注自身优势：认真分析自己的优点和特长，将更多的精力投入能够发挥优势的领域，通过展现优势来增强自信心。

2 制订个性化的计划：根据自己的实际情况，制订具体、可行的提升计划，按照计划逐步提升自己的能力。

3 保持乐观心态：用积极的心态看待暂时的落后，相信自己未来会越来越好。遇到挫折时，要鼓励自己坚持下去，不要轻易放弃。

个性计划

被批评后的情绪低落

面对批评，"有则改之，无则加勉"说起来容易，做起来难。这就需要我们拥有平和而自省的心态，耐心地分析别人的批评意见，将其作为前行的动力。

我的"小焦虑"

姓名：可乐

年龄：8岁

性别：男

爱好：游泳、观察昆虫

　　今天在语文课上，我犯了一个大错误。老师在前面认真讲课，我却没有好好听，偷偷玩起了玩具。我当时觉得偷偷玩一下不会被发现，可是老师的眼睛太厉害了。当老师走到我身边让我认真听讲的时候，我觉得特别羞愧，脸一下子就红了。我知道自己错了，想赶紧向老师道歉。

　　从老师办公室出来之后，同学们都去操场上玩了，我却站在阳台上看着操场上的同学快乐地玩耍，心里特别难受。我害怕老师不再喜欢我，觉得自己是个坏孩子。我也很后悔自己没有认真听讲，浪费了学习的时间。

　　亲爱的可乐，被老师批评后心情低落是正常的。你在课堂上玩儿玩具，没有遵守纪律，这是不对的。老师批评你，是希望你能改正错误，更好地学习。但是，你也不要过于担心老师会因此不喜欢你，老师的职责就是帮助学生成长。只要你能认识到自己的错误，并且努力改正，老师会看到你的进步。今后在课堂上，你一定要集中注意力认真听讲，要相信自己能够改正错误。

心理分析室

当我们受到他人的批评而情绪低落时，我们是可以通过一些方法来积极调整的。

首先，如果自己真的错了，态度要诚恳，主动承认错误，要真挚地接受对方的批评。要有改正错误的坚定决心，只有这样，大家才会更愿意相信你，也会给你更多的指导和帮助。

其次，如果对方的批评你并不认同，也不要急于反驳，要以后续的行动证明自己。

再次，接受他人的批评后，还可以给自己设定一些具体的小目标，比如今后每节课至少要主动回答两次问题，认真做好笔记等。

最后，一定要多和批评者交流沟通。利用适当的时间，和对方分享自己为改正错误所做出的努力和取得的变化。

拒绝焦虑，我有话说

被批评并不可怕，可怕的是不敢面对批评，不敢自我分析、做出改变。只要你愿意努力，一定能走出低落的情绪，成为更好的自己。

拒绝焦虑，我有好办法

1 积极倾听：当别人提出批评时，保持开放的态度，认真倾听他们的意见。即使批评意见并不合理，也不要急于反驳。

2 被批评后，给自己一些积极的心理暗示，比如，"我这次犯错了，下次一定不会了""我会越来越棒的"……通过这样的方式增强自信心，让心情好起来。

3 面对合理的批评意见，要积极主动地做出改变，实现自我提升。

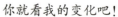

你就看我的变化吧！

父母的期望带来的压力

父母的期望对我们而言，是动力，但是往往也带来不小的压力。我们在体谅父母的用心的同时，也要主动地表达自己的观点，通过有效的沟通，制订合适的成长计划。

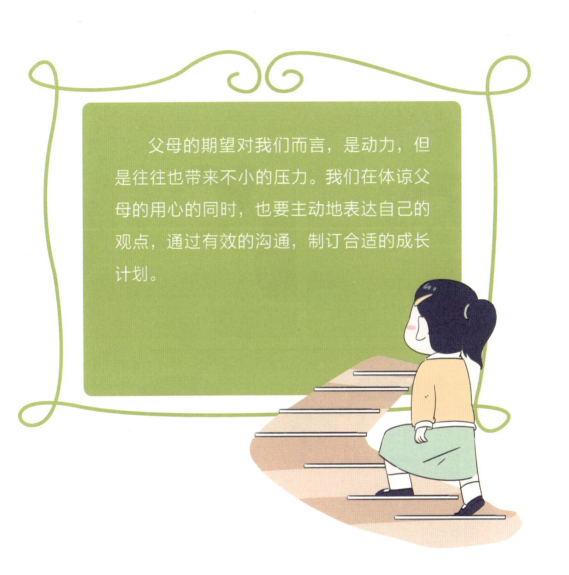

我的"小焦虑"

姓名：安安
年龄：12岁
性别：女
爱好：打羽毛球、下围棋

我叫安安，今年12岁，即将小学毕业。爸爸妈妈对我的期望很高，希望我能考上好的初中，将来能进入好的高中，然后考上好的大学。为了实现他们的期望，我每天都过得很紧张。

早上，我被妈妈早早地叫起来，还没完全清醒就开始了一天的学习。在学校，我不敢有丝毫松懈，课间休息也在努力学习。放学后，小伙伴们都在玩耍，而我只能匆匆回家，继续埋头在作业和辅导资料中。

周末的时候，别的同学可以出去玩，而我要去上各种辅导班。有时候我真的好累，好想放松一下，可是一想到爸爸妈妈那充满期待的眼神，我又不敢放松。我知道他们是为我好，可这样的压力让我有些喘不过气来，我也很想有一些属于自己的时间和空间。

心理专家对我说

  亲爱的安安，对于即将小学毕业的你来说，父母的期望压得你有些喘不过气来，这说明他们对你充满了爱和期待。

  别太担心，你可以通过很多办法来缓解这种压力。比如，和父母好好沟通，让他们了解你的真实感受。同时，你也要学会调整自己的心态，不要独自承受所有的压力，要多与父母沟通。你更要相信自己有能力应对这些挑战，逐步找到学习和生活二者之间的平衡点。

面对父母的期望带来的压力，首先，要和父母坦诚地交流，告诉他们你的感受，让他们知道，过大的压力可能会起到反作用，适度的期望和支持更能激发你的学习热情。

其次，给自己制订合理的学习和休息计划。不要把所有的时间都用于学习，适当的休息和娱乐可以让你的大脑得到放松，从而提高学习效率。比如，每天完成作业后，可以给自己留出半个小时的放松时间，听听音乐或者看看课外书。

最后，学会调整心态也很重要。不要把父母的期望看作是一种负担，而是应该把它当作前进的动力。相信自己的能力，每次取得一点儿进步都要给自己鼓励。只要努力了，无论结果如何，都要坦然接受。

拒绝焦虑，我有话说

　　人在成长过程中会面临各种压力，而如何应对这些压力是一门重要的学问。合理的规划和积极的心态能够帮助我们化解压力，让我们在前进的道路上更加从容。

拒绝焦虑，我有好办法

1

　　定期和父母进行深度沟通，分享自己的学习进展和内心感受，让他们了解你的努力和困难，从而调整对你的期望。比如，每个周末找个时间，和父母坐下来心平气和地交流。

2

　　培养自己的兴趣爱好。在学习之余，通过做自己喜欢的事情来缓解压力，放松心情。比如，喜欢画画就每天花半小时画画，喜欢运动就每周安排固定的时间运动。

3

　　寻求老师或同学的帮助。如果觉得和父母沟通困难，可以向老师或同学倾诉，他们可能会给你一些有用的建议和支持。比如，向要好的同学倾诉自己的感受。

社交场合的手足无措

　　面对陌生人，勇敢地先说"你好"，对方就有可能成为你的好伙伴。社交场合并不可怕，而且往往蕴藏着更多的归属感和新的友谊的可能。

我的"小焦虑"

姓名： 麦麦

年龄： 9岁

性别： 男

爱好： 看漫画书、搭积木

　　我今年9岁了，每次身处人多的地方，比如和小朋友们一起在游乐场玩耍时，或者参加聚会时，我总是感到特别手足无措。看到其他小朋友能那么自然地在一起交流、游戏，我心里特别羡慕，可我自己就是没办法和他们热热闹闹地待在一起。

　　有时候我特别想参与到大家的游戏中，可心里总是害怕：害怕自己做得不好，害怕被拒绝，害怕大家笑话我……每次回到家，我都会特别后悔，后悔自己没有勇敢一点儿，没有主动去和大家交流、玩耍。我真的很想改变这种状况，能够在面对陌生人时轻松愉快地和他们相处。

　　亲爱的麦麦，当面对不熟悉的环境和人群时，内心产生担忧是一种自然的反应。

　　你要相信自己是有价值和魅力的，只是目前在社交方面还不够自信，但这是可以慢慢改变的。不要总是责备自己，而是要给自己积极的心理暗示。每一次小小的勇敢尝试，都是在为变得更加自信和善于交际积累经验。

对于在社交场合感到手足无措的情况，我们可以尝试多种方法来改善。

首先，我们可以提前了解活动的内容和参与人员，这样能让心里有个初步的准备，减少陌生感带来的紧张。

其次，从简单的交流开始，比如，向身边的小朋友问一个小问题，或者分享一个自己觉得有趣的小事情。每一次成功的交流都能增加自信心。

最后，多观察善于社交的小朋友是怎么做的，学习他们的沟通方式和技巧。同时，要给自己足够的时间和耐心，不要期望一下子就能变得非常善于交际，而是在每次参与社交活动中逐步进步。

拒绝焦虑，我有话说

在成长的过程中，面对社交的挑战不要畏惧，每一次的尝试和努力，都是在塑造更强大、更自信的自己。只要坚持不懈，终能在社交中展现出真实、自信的自我。

拒绝焦虑，我有好办法

1 提前准备一些关于自己喜欢的事物的话题，比如，自己喜欢的动画片、喜欢的运动等，在交流时可以作为开场白，让对话自然展开。

2 参加活动前，给自己设定一个小目标，比如，主动和三个小朋友打招呼或者和一个小朋友一起完成一个小游戏。

3 每次活动结束后，认真回顾自己的表现，找出做得好的地方和需要改进的地方，为下一次的社交活动做好准备。

你也一样。

你的沙堡堆得真好！

对未来的迷茫

未来充满着不确定性，在令人向往的同时，又容易令人感到迷茫。所以，勇于面对和创造未来，勇敢追寻心中的灯塔，定能驱散眼前的迷雾。

情景再现

今天的作文，就是要你们畅想未来的自己。

我想成为怎样的人呢？科学家？艺术家？

昊昊，怎么了？遇到难题了吗？

嗯，我不知道怎么写，对未来很迷茫。

不着急，慢慢想，课后也可以写啊！老师相信，你一定会想明白自己想成为怎样的人。

我的未来在哪儿呢？

我的"小焦虑"

姓名：昊昊

年龄：12岁

性别：男

爱好：听音乐、轮滑

在语文课堂上，老师让我们写一篇关于"未来的自己"的作文，可我完全不知道该怎么下笔。看着身边的同学都能清晰地描绘出自己未来的模样：有的想成为科学家，有的想成为运动员……我真的特别羡慕。

我真的不知道自己想成为什么样的人吗？还是我害怕面对未来？我想过当科学家，去探索未知的世界；也想过当音乐家，用旋律表达内心的情感。可我又觉得这些梦想离我好遥远，不知道自己有没有足够的能力去实现。我害怕自己不够优秀，无法实现心中的那个理想。我又怕有一天回首过去时，发现自己只是在原地踏步，没有追求过任何真正的梦想。

　　亲爱的昊昊，感到迷茫并不是一件坏事，它是成长路上的一个必经阶段。每个人都有自己的成长节奏，不必急于一时。你对自己的未来充满好奇和担忧，这是正常的，因为未来的不确定性常常让人感到迷茫。但请记住，迷茫也是探索自我、发现激情的过程。要给自己加油，帮助自己冲出迷茫。

　　想象一下，你是海上航行的人，现在正处于寻找方向的过程中。这个过程可能会很漫长，可能会有风浪，但正是这些经历塑造了你，让你更加坚强。不要害怕未来，让对未来的向往成为你成长的动力，引导你去尝试不同的可能，直到你找到属于自己的航向。

对未来迷茫时，我们可以尝试很多方法来寻找方向。

我们可以通过阅读名人传记或者成功人士的故事来获取灵感，了解他们在成长过程中的迷茫与突破。这能让我们明白，迷茫是成长的一部分，坚持探索终会找到出路。

制定短期的小目标是很有帮助的。比如，在一个月内学习一项新的技能，或者参加一次志愿者活动。通过实现这些小目标，我们能够增强自信心，也能在这个过程中发现自己的兴趣和潜力。

另外，进行自我评估也是必不可少的。思考自己的优点和不足，分析自己在学习不同学科或参加活动时的表现，从而发现自己擅长和喜欢的领域，为未来的选择提供参考。

拒绝焦虑，我有话说

在人生的旅途中，对未来的迷茫只是暂时的。每一次的思考和探索都是成长的脚步，只要心怀勇气和希望，坚定地向前迈进，终能穿越迷雾，找到属于自己的光明未来。

拒绝焦虑，我有好办法

1

参加职业体验活动，比如，去科技馆当一天的小讲解员，或者去面包店学习制作面包，亲身体验不同职业的工作流程和要求，对未来有一个初步的印象。

2

列出梦想清单，将自己感兴趣的职业或者生活方式列出来，在成长过程中逐一去了解和研究，看看哪些是真正适合自己的。

3

定期回顾自己的成长经历，寻找那些让自己感到快乐和有成就感的瞬间，从中发现未来可能的发展方向。

输不起的心态

在竞技的舞台上，每一次挑战都是自我超越的契机，而非仅仅是胜负的较量。所以，克服想赢怕输的心态，把参与竞技比赛当成一种享受，并且在拼搏的过程中尽情地展示自己，你会喜欢上这种感觉的。

我的"小焦虑"

姓名：乐天
年龄：10岁
性别：男
爱好：踢足球、打羽毛球

　　昨天，我参加了班级的羽毛球比赛，虽然我准备了很久，但最终还是没能赢得冠军。比赛结束的那一刻，我简直不敢相信自己输了，感到无比挫败和羞愧。我付出了那么多努力，为什么结果竟是这样？我反复回想比赛中的每一个瞬间，每个错误的动作，每一次失分，我问自己："为什么会这样？"看到对手在那里庆祝胜利，我心里特别难受，甚至有点儿讨厌他们。我知道这样不对，但是我就是控制不住自己的情绪。我很害怕以后再参加比赛还会输，不知道该怎么面对失败。

　　亲爱的乐天，你对比赛结果的强烈反应源于你对胜利的过分渴望和对失败的过分恐惧。在竞技场上，每个人都希望成为胜利者，但真正的挑战在于如何处理失败带来的负面情绪。胜败乃是兵家常事，奥运比赛中不是也有输有赢吗？你为比赛付出了很多努力，这已经很棒了。输了并不代表你不行，可能只是这次的对手发挥得更好，或者是一些小细节你没有处理好。不要因为一次失败就否定自己，要相信通过不断的努力和学习，下次你会做得更好。

心理分析室

　　心态是一股无形的力量，往往在竞技场上扮演着决定性的角色。它超越了单纯的技术比拼，成为决定胜负的重要因素。一个内心坚韧、乐观向上的竞技者，即便面对重重困难与挑战，也能保持一颗冷静的心，从容应对，化险为夷。相反，若心态失衡，即便是技术超群的选手，也可能在关键时刻功亏一篑。

　　因此，我们应当深刻认识到心态的重要性，学会在每一次比赛中，无论胜负如何，都及时调整自己的心态；将每一次挑战视为一次宝贵的学习机会，从中汲取经验，不断提升自我。当遭遇失败时，不气馁、不放弃，将其视为通往成功的必经之路，以更加坚定的步伐继续前行。

　　成功从来不是一蹴而就的，它需要时间的积淀与不懈的努力。世界上也没有常胜将军，只要我们保持积极的心态，勇于面对挑战，持续努力，总有一天会迎来属于自己的辉煌时刻。

拒绝焦虑，我有话说

面对比赛的输赢要保持平和的心态。每一次竞技都是宝贵的财富，无论胜负，都能让我们学到很多。只要能从失败中吸取教训，从胜利中总结经验，我们就能不断进步，变得更加坚强和成熟。

拒绝焦虑，我有好办法

1

每次比赛前，给自己设定合理的目标，比如，这次比赛要比上次进步一点儿，而不是只盯着输赢。

2

万一失利，找一个信任的人倾诉自己的感受，比如父母或者老师，他们会给你安慰和建议。

3

建立一个竞技成长记录，把每次比赛的经历、收获和教训都写下来，当你回头看时，你会发现自己一直在成长。

被比较时的烦恼

　　每个人都有自己的优缺点，单纯的比较并没有意义。但是，这种比较总是出现在我们身边，我们没必要因此感到困扰，而是要发现并利用自己的优势，坚定地做好自己。

98

我的"小焦虑"

姓名： 果果

年龄： 10岁

性别： 女

爱好： 朗诵、写毛笔字

　　家庭聚会本是件开心的事，但对我来说，它是噩梦的开始。每当亲戚们聚在我家，爸爸妈妈总是当着我的面，拿我和其他孩子做比较。

　　我热爱朗诵，在学校的朗诵活动中常常获得老师和同学们的称赞；我写的毛笔字也在不断进步，可爸爸妈妈似乎从来没有注意到这些。每次听到他们说别的孩子这好那好，而我不如别的孩子的时候，我的心就像被重重地撞击了一下。我多希望爸爸妈妈能看到我的闪光点，能抱抱我，对我说"宝贝，你很棒"，而不是一味地拿我跟别人比较。

亲爱的果果，当你被爸爸妈妈拿来和别人家孩子的优点比较时，心里难免会感到失落和委屈。这种比较就像一把锐利的剑，刺痛着你的心。父母和亲戚的比较，可能是出于他们对你的期望，但他们没有意识到这种方式对你造成了多大的伤害。你有属于自己的独特才能和魅力，比如，出色的朗诵和毛笔字。当你为这种比较烦恼时，你可以试着转换视角，看到自己的价值和成就。同时，你可以与长辈沟通，让他们发现和肯定你的闪光点，让他们学会在意你的感受。

当面临被比较的情况时，我们可以如下这样去应对。

找个恰当的时机，比如，晚饭后一家人坐在一起轻松地聊天的时候，诚恳地向爸爸妈妈表达内心的真实感受。你可以说："爸爸妈妈，我知道你们希望我更优秀，但总是拿我跟别人比，我会很有压力，也会很伤心。我一直在努力，希望你们能看到我的进步，多鼓励我。"

用实际行动来证明自己的能力。给自己制订合理的进步计划，一步步去实现目标。比如，在学习上取得更好的成绩，或者在生活中学会一项新的技能时，主动展示给爸爸妈妈看。

学会理解爸爸妈妈的初衷，他们或许是出于对我们的期望和关爱，只是方式不太恰当。我们可以多和爸爸妈妈分享自己的想法和愿望，增进对彼此的了解。

拒绝焦虑，我有话说

　　面对与他人比较的无形标尺，我们常常陷入自我怀疑之中。进取的真正力量源自内心的平和与自我接纳。理解自己，尊重自己，才能在别人的目光中保持坚定。

拒绝焦虑，我有好办法

1

　　当听到父母将自己与他人比较时，深呼吸几次，然后坚定地告诉自己："我有我的精彩，不需要和别人一样。"接着去做自己喜欢的事情，转移不良情绪。

2

　　为自己制订一个详细的成长计划，比如，每天练习朗诵若干时间、每周完成几幅毛笔字作品，通过实现这些小目标来增强自信心。

3

　　参加一些自己感兴趣的活动或比赛，比如，朗诵比赛和毛笔字比赛，让爱好变成你的优点。通过取得的成绩来增强自信心。

我有我的精彩，不需要和别人一样。

失去心爱之物的痛苦

不论与亲近之人，还是心爱之物，离别总是在所难免。所以，珍惜在一起的当下，即使遭遇离别，也不要被痛苦吞噬。

我的"小焦虑"

姓名： 贝贝
年龄： 7岁
性别： 女
爱好： 听故事、剪窗花

　　我有一只特别可爱的小熊玩偶，我给它取名叫点点。这是妈妈送给我的生日礼物，从收到它那天开始，点点就成了我最亲密的伙伴。每天晚上，我都要抱着点点才能入睡，它就像我的守护天使，给我带来无尽的温暖和安全感。

　　有一天，妈妈和我出去玩，我把点点带在身边。在热闹的商场里，我一不小心，点点就不见了。我和妈妈找了好久好久，把整个商场都找遍了，还是没有找到点点。我真的好难过、好痛苦，妈妈说会再给我买一个一模一样的，但它不是我的点点了。

　　亲爱的贝贝，相信失去点点深深地刺痛了你的心。对于你而言，点点不仅仅是一个玩偶，它还承载着妈妈的爱和你无数的美好回忆。当它离开你后，你的世界就失去了一抹色彩，这让你充满了焦虑和无助。这并非你的过错，只是生活中的一次意外。相信时间会慢慢减轻这份痛苦，未来会有新的美好走进你的生活。

心理分析室

　　当失去心爱之物时，不用压抑情绪，可以找一个安静的地方，痛痛快快地哭一场，把内心的痛苦宣泄出来。让所有的悲伤、不舍和无奈都随着泪水流走，不要害怕被人看见，也不要觉得难为情，这是我们对失去心爱之物最真实的情感表达。

　　接下来，给自己一些时间和空间去慢慢接受这个事实。不要急于用新的物品去替代它，因为每一个心爱之物都是独一无二的。可以尝试转移注意力，让自己的生活充实起来，减少对失去之物的过度思念。

　　生活中还有很多精彩等待我们去探索，把注意力转移到新的事物上，会让我们渐渐从失去的痛苦中走出来。

拒绝焦虑，我有话说

虽然心爱之物已失去，但生活还在继续，未来还会有更多美好的事物等着我们去发现和拥有。只要心怀希望，勇敢前行，在人生的道路上总会有新的美好与我们不期而遇。

拒绝焦虑，我有好办法

1 情感表达：你可以写信给小熊，即使你不能寄出，但写下你的思念、愿望，可以作为治愈过程的一部分。

2 多和身边的小伙伴交流，倾诉感受，他们的陪伴和安慰或许能让你的心情逐渐好转。也可以和小伙伴一起进行一些有趣的活动，转移注意力。

3 心情非常低落时，发掘你现在仍然拥有的美好事物，珍惜当下，拥有一颗感恩的心，看到生活中的幸福。

假期结束前的紧张

假期是美好的，但是，生活不可能一直在休息中度过。在新学期中忙碌起来，你会发现更多的精彩，取得新的进步。

我的"小焦虑"

姓名：哭哭

年龄：11岁

性别：男

爱好：滑板、滑冰

假期开始时，我满脑子都是游玩的计划，完全忘了作业。每天早晨醒来，我都会想：今天先玩，明天再做作业。可明天到了，作业又推到了后天。直到假期快结束，我才意识到问题的严重——作业堆积如山，而假期只剩下几天时间了。我告诉自己，今后一定不能再这样了，但每次假期来临，我似乎又会陷入同样的循环。这次，我真的紧张了，熬夜赶作业，睡眠不足，整个人都快崩溃了。

亲爱的笑笑，你意识到自己在假期时间管理上的问题，这无疑是你向前迈出的一大步！自己拖延做作业直到最后一刻，这种行为模式在心理学上被称为"拖延症"。每当假期即将结束，时间的紧迫就是一股强大的压力，让我们感到无所适从，内心充满焦虑。

然而，这并非无法改变的困境，关键在于如何调整心态，找回对时间的掌控权。我们需要摒弃那种"时间还多，晚点儿再做"的错误想法，从一开始就做到对假期的有效管理。

拖延症并非一朝一夕形成的，它常常在我们不自觉的情况下逐渐生根发芽。当面对一项看似艰巨或枯燥的任务时，只要时间充裕，我们的内心深处经常会不自觉地产生拖延的情绪，这种情绪犹如一道无形的屏障，阻挡着我们即刻投入任务的步伐。

随着时间的推移，未完成的任务像一座大山压在心头，使我们愈发感到沉重和不安。而要克服拖延症，需要正视自己内心对任务的恐惧和厌恶，分析究竟是任务的难度过高，还是自身缺乏足够的动力和兴趣。

我们可以将大任务分解为一个个小任务，每完成一个小目标就给自己一个小小的奖励，以此来增加成就感并提高积极性。同时，制订合理的计划并严格执行，养成良好的时间管理习惯，有效地减少拖延行为的发生。

拒绝焦虑，我有话说

战胜拖延症不仅是对旧习惯的一种挑战，更是实现自我成长和进步的关键一步。相信只要你下定决心，采取有效的行动，一定能够摆脱拖延的束缚，让假期生活过得更加充实、高效和愉快。

拒绝焦虑，我有好办法

1
找一个安静、整洁的学习环境，避免被外界干扰。可以把书桌整理干净，只放上需要的学习用品，这样能让自己更专注。

2
在假期开始时，制订一个作业完成计划，每天完成一小部分作业，这样可以避免在假期结束时的疯狂赶工。

3
合理分配假期中学习和休息的时间，并严格地执行计划。

想要的东西
得不到时的焦虑

　　并不是所有想要的东西都可以得到，面对想要的东西，要保持平和的心态。在必要的时候，可以通过转移注意力等方式缓解焦虑。

理性

我的"小焦虑"

姓名： 佳佳

年龄： 10岁

性别： 女

爱好： 做手工、写日记

　　昨天，我和爸爸妈妈去市中心逛街，看到了一辆漂亮的自行车。那是一辆蓝色的自行车，带有可爱的篮子和铃铛，我的心瞬间被它俘获。我多么希望自己能骑着它穿梭在街头巷尾，感受风拂过脸颊的自由。

　　当我满怀期待地向妈妈请求时，妈妈却以我未满12周岁不能骑自行车上路为由拒绝了。那一刻，我感受到了从未有过的失落和焦虑。我开始思考，为什么有些事情需要等待？为什么不能立刻拥有自己想要的一切？之后的日子里，每当看到其他人骑自行车快乐地穿梭在大街小巷，我的羡慕之情就无法抑制，这让我心里更加不平静。

亲爱的佳佳，当我们对某样东西充满渴望却无法得到时，内心产生焦虑是很自然的事情。这种渴望就像一只小爪子，不停地挠着我们的心，让我们难以平静。其实，这反映出我们对美好事物的向往。然而，过度陷入这种焦虑并不能改变现状，反而会让我们的心情变得更糟。我们要明白，不是所有的愿望都能马上实现，而且即便现在得不到，也不代表永远得不到，要保持乐观和耐心。

心理分析室

当有想要某物却得不到的焦虑时，我们必须正视这种情绪，不必为此过度苛责自己。我们要尝试去理解这种渴望背后的原因，是出于真正的需求，还是一时的冲动。

调整自己的期望。生活中并非所有想要的都能轻易获得，接受这个现实，并且明白得不到并不意味着失败或不幸。我们可以把这个未实现的渴望当作努力的方向，给自己一些时间去成长和积累。

佳佳没有得到自行车，她可以慢慢理解爸爸妈妈的决定，他们可能是出于安全等实际情况的考虑，并非故意不让她拥有喜欢的东西。她可以和他们进一步沟通，比如保证在小区里或者安全的地方骑行。

拒绝焦虑，我有话说

人的内心犹如一座花园，当渴望得不到满足的焦虑如杂草般丛生时，唯有学会修剪，才能绽放出美丽的花朵，收获宁静与喜悦。

拒绝焦虑，我有好办法

① 制订一个储蓄计划，通过节省零花钱等方式，自己积攒购买想要的物品的资金。这样不仅能增强自己的经济意识，也能让我们更珍惜努力得来的成果。

② 多参加一些活动，如展览、俱乐部的活动等。即使暂时不能拥有，也能更深入地了解相关文化，满足一部分内心的渴望。

③ 阅读一些关于克服困难、实现梦想的书籍，从中获得力量和智慧，让自己更加坚定追求梦想的决心，同时也能学会以更积极的心态面对暂时的挫折。